BLV Dreipunkt-Buch

Drei-
punkt-
Buch

finden
bestimmen
kennen

Schmetterlinge

Heimische Tag- und Nachtfalter

Text: Alfred Handel
Gesamtbearbeitung: Dorothee Eisenreich

Zweite Auflage

BLV Verlagsgesellschaft
München Wien Zürich

CIP-Kurztitelaufnahme der Deutschen Bibliothek

Schmetterlinge: heim. Tag- u. Nachtfalter /
Text: Alfred Handel. Gesamtbearb.: Dorothee Eisenreich. –
2. Aufl. – München; Wien; Zürich: BLV Verlagsgesellschaft, 1986.
(Dreipunkt-Buch: Finden, bestimmen, kennen; 1013)
ISBN 3-405-13249-5

NE: Handel, Alfred [Mitarb.];
Eisenreich, Dorothee [Bearb.];
Dreipunkt-Buch / Finden, bestimmen, kennen

Der **Kasten** neben der Überschrift
gibt jeweils von links nach rechts an:
Spannweite, Flugzeit, Generationenzahl.

In den **Texten** bedeuten:

M = Merkmale; **V** = Vorkommen; **L** = Lebensweise;
E = Entwicklung; ♂ = Männchen, männlich;
♀ = Weibchen, weiblich

Drei-Punkt-Buch 1013

Satz und Druck: Appl, Wemding
Buchbinder: Ludwig Auer, Donauwörth

Printed in Germany · ISBN 3-405-13249-5

Inhalt

Einführung

Obwohl Schmetterlinge als außerordentlich weit verbreitete Insektenordnung gelten, hat ihr Bestand in den letzten Jahren deutlich abgenommen. Viele Umwelteinflüsse haben diese »Schuppenflügler« zunehmend dezimiert. Im vorliegenden Bändchen sollen dem interessierten Laien die bekanntesten der so reizvollen Falter vorgestellt werden.
Trotz etlicher Ausnahmen teilt man die Schmetterlinge ihrer Flugzeit entsprechend in Tag- und Nachtfalter ein. Es handelt sich hierbei um zwei Familiengruppen, die ihrerseits wieder aus vielen Familien bestehen (z. B. Tagfalter: Weißlinge, Augenfalter, Bläulinge u. a.; Nachtfalter: Spinner, Schwärmer, Eulen, Spanner u. a.). Grundsätzlicher Unterschied: Der »Tagfalter-Typ« legt die Flügel in Ruhehaltung nach oben (A), der »Nachtfalter-Typ« dachziegelartig übereinander (B).
Die Entwicklung der Falter birgt in sich so viele Besonderheiten, daß sie hier kurz skizziert werden soll: Die aus dem Ei schlüpfende Raupe zeigt in den verschiedenen Familien eine große Formenvielfalt. Nicht nur die Größe und die Art der Fortbewegung, auch die Färbung, Behaarung oder Bedornung ist sehr variabel. Die Zeichnung gegenüber zeigt Raupen, die für bestimmte Gruppen typisch sind: Tagfalter (1), Eulen (2), Schwärmer (3), Spanner (4), Spinner (5). Sehr viele Raupen sind Nahrungsspezialisten, die an bestimmte Futterpflanzen gebunden sind. Nach mehreren Häutungen wandelt sich die Raupe in ein »Ruhestadium«, die sog. Puppe um. Auch diese kann recht unterschiedlich gestaltet sein und wird auch unterschiedlich befestigt. Man unterscheidet z. B. bei den Tagfaltern nach Art der Befestigung Gürtelpuppen, die mit einem Seidenfaden um die Körpermitte angeheftet werden (6), oder Sturzpuppen, die am Körperende kopfabwärts aufgehängt sind (7). Bei den Nachtfaltern ruht die Puppe (Schwärmer; 8) oft in einer Erdhöhle oder ist in einem aus Seide gesponnenen Kokon eingeschlossen (Spinner; 9). Obwohl fälschlicherweise als Ruhestadium bezeichnet, vollzieht sich im Puppeninnern die Umwandlung zum fertigen und so anders gestalteten Falter, der sog. Imago, womit ein neuer Lebenszyklus beginnt.

Flügelhaltung

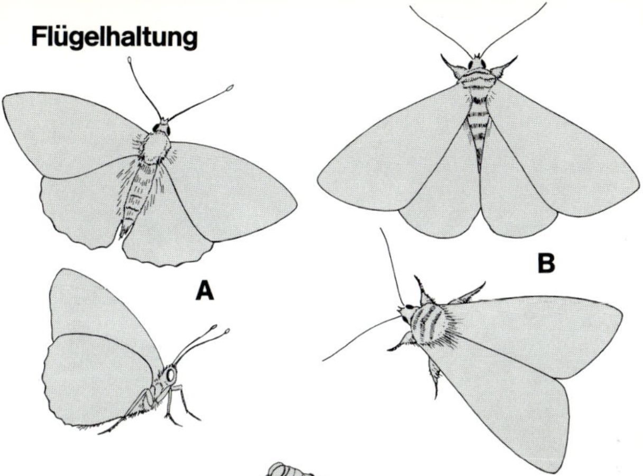

Raupen-Typen

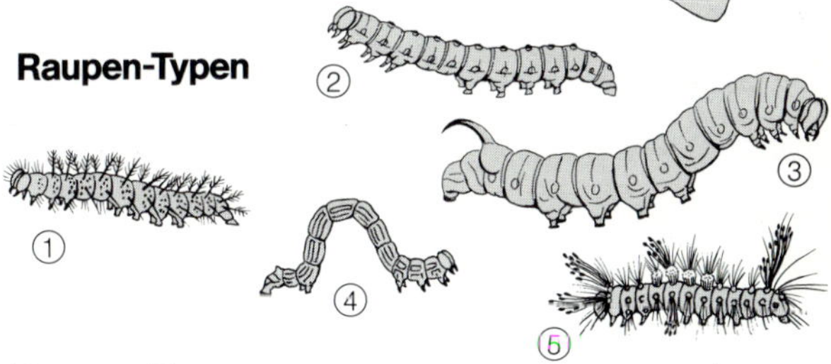

Puppen-Typen

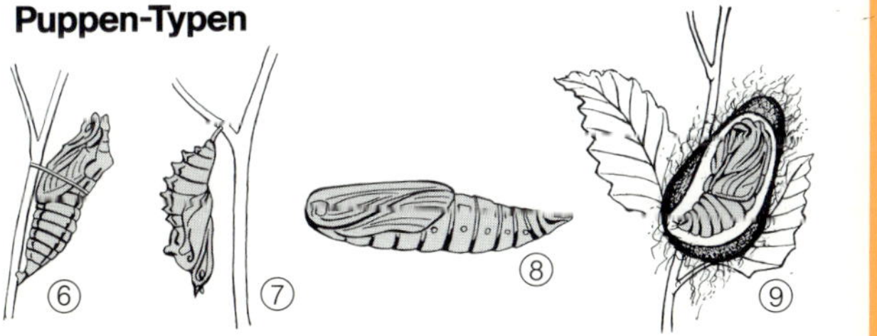

Segelfalter

Iphiclides podalirius

75–80 mm	V–VII	1–2

M Cremegelbe Grundfarbe mit schwarzen, an den Vorderflügeln spitz zulaufenden Querbinden. Die Hinterflügel haben schwarze Fortsätze, am Außenrand blaue, schwarz umrandete Halbmondflecken, am Innenrand einen orange-schwarz-blauen Augenfleck. **V** Bevorzugt sonnige Hänge, möglichst mit Obstbäumen oder Schlehenhecken. **L** Der Falter fliegt meist nur in 1 Generation im Mai, in warmem Klima kommt auch eine 2. Sommergeneration vor. **E** Die Eier werden auf Schlehen oder Obstbäumen abgelegt. Nach mehrmonatiger Raupenzeit kommt es im Herbst zur Verpuppung. Die Puppen überwintern, meist mit einer Gespinstschlinge am Zweig befestigt.

Schwalbenschwanz

Papilio machaon

60–80 mm	IV–VIII	2

M Die Grundfarbe ist gelb, den Rand der Vorderflügel begrenzen an den Seiten zwei parallel verlaufende schwarze Bänder. Die Hinterflügel laufen in Schwanzfortsätzen aus; ein blauschwarzes Band, parallel zum gebuchteten Flügelrand und je ein rötlicher bis rostbrauner Augenfleck am Innenwinkel dieses Flügelpaars sind kennzeichnend. **V** Die Art bevorzugt offenes, hügeliges Gelände. **L** Saugt gerne an Blüten, fliegt ausdauernd und schnell. Erscheint im Jahresverlauf in 2 Generationen (IV–V u. VII–VIII). **E** Eier werden einzeln an Doldenblütlern abgelegt. Die Puppe ist grün bis graubraun, die überwinternde Puppe braun.

Apollofalter

Parnassius apollo

60–90 mm	VI–IX	1

M Die rund gerandeten Flügel sind weißlich, oft leicht schwärzlich punktiert. Der Außenrand der deutlich schwarz gefleckten Vorderflügel ist meist durchsichtig. Die Hinterflügel kennzeichnen je zwei rote, oft weiß gekernte Augenflecke mit schwarzer Umrandung. **V** Bevorzugt Gebirgstäler und Gebirgswiesen oder hügeliges Land. Die Art ist teilweise sehr selten geworden, fliegt nur in 1 Generation von Juni bis September. **L** Fliegt langsam, flatternd, oft segelnd von Pflanze zu Pflanze. Läßt sich häufig auf Distelblüten nieder. **E** Die Eier werden auf *Sedum*-Arten abgelegt. In der Regel überwintern die Raupen, oft noch in der Eihülle.

Großer Kohlweißling

Pieris brassicae

60–70 mm	IV–X	2–3

M Die weißen Flügel sind kräftig geadert, die Spitzen der Vorderflügel sind schwarz, beim ♀ zudem durch je zwei schwarze Flecken gekennzeichnet. **V** Die noch weit verbreitete Art fliegt in Gärten, auf Feldern, Wiesen und anderem offenem Gelände. Es kommen 2–3 Generationen von April bis Oktober vor. **L** Die Falter fliegen verschiedenste Blüten zur Nektaraufnahme an. **E** 200–300 Eier werden gruppenweise an der Blattunterseite von Kohlarten oder verwandten Pflanzen abgelegt. Nach 4–10 Tagen schlüpfen die Raupen, entwickeln sich in 3–4 Wochen bis zur Puppe. Vor der Verpuppung wird ein geschütztes Versteck aufgesucht. Puppe überwintert.

Zitronenfalter

Gonepteryx rhamni

50–60 mm	I–XII	1

M Die Flügel, beim ♂ zitronengelb, beim ♀ gelbweiß, laufen in zipfeligen Spitzen aus. Im Zentrum der beiden Flügelpaare befindet sich je ein orangefarbener Punkt. **V** Der Falter bevorzugt freies Gelände in Waldnähe. **L** Die Art erscheint in 1 Generation. Im Jahresverlauf sind 3 Flugzeiten üblich: Bereits im Vorfrühling erfolgt in der 1. Flugperiode die Paarung, im Juli schlüpft die neue Faltergeneration, verfällt nach einigen Wochen in eine Sommerruhe, um im Herbst wieder umherzufliegen. Frei an einem Ast hängend verbringt der Falter die Winterstarre. **E** Eiablage an Kreuzdorn oder Faulbaum, Raupenentwicklung 3–7 Wochen.

Goldene Acht

Colias hyale

45–50 mm	IV–X	2–3

M Die Grundfarbe ist beim ♂ gelb, beim ♀ gelbweiß. Der Randbereich der Vorderflügel schwarz, mit hellen Flecken durchsetzt; im zentralen Bereich fällt ein schwarzer Fleck auf. Die Hinterflügel sind durch eine gelborange 8 gekennzeichnet (Name!). **V** Die Art ist häufig auf Kleefeldern und trockenen Kalksteinböden anzutreffen. Es kommen 2–3 Generationen von April bis Oktober vor. **L** Die Falter saugen sehr gerne recht ausdauernd an Kleeblüten. **E** Die Eier werden auf Kleearten und anderen Schmetterlingsblütlern abgelegt. Die grünen Raupen sind von Mai bis September an diesen Pflanzen anzutreffen, danach suchen sie Überwinterungsverstecke auf.

Großer Schillerfalter

Apatura iris

70–80 mm	VI–VIII	1

[M] Die dunkelbraune Grundfarbe wandelt sich beim ♂ Falter bei bestimmtem Lichteinfall in ein prächtiges schillerndes Blau. Die Vorderflügel sind weiß gefleckt; die Hinterflügel durchzieht eine weiße Binde, den Innenwinkel kennzeichnet ein Augenfleck. [V] Feuchte Laubwälder und Auwälder sind der bevorzugte Lebensraum der selten gewordenen Art. Sie kommt in 1 Generation von Juni bis August vor. [L] Der sehr scheue Falter ist v. a. am Vormittag zu beobachten, wenn er – oft lange verweilend – an Exkrementen oder Baumsaft saugt. [E] Das ♀ legt die Eier an Weiden, seltener auch an Pappeln ab. Die Raupen überwintern dort in sehr jungem Stadium.

Kleiner Eisvogel

Limenitis camilla

50–60 IIIII	VI–VIII	1(–2)

M Die dunkelbraunen bis schwarzen Flügel werden in der Mitte durch eine weiße Fleckenbinde zweigeteilt. Die Flügelunterseite ist auffallend bunt mit blaugrüner, rostroter und weißer Fleckung. **V** Wie die nebenan beschriebene Art ist der Falter überwiegend in feuchten Laubwäldern anzutreffen. Er fliegt in 1 Generation (selten 2) von Juni bis August. **L** Feuchte Stellen am Waldboden, Kot und Baumwunden mit austretenden Säften werden von diesem Falter gerne besucht. **E** Die Eiablage erfolgt an Geißblatt. Die grünen, braun beborsteten Raupen überwintern und sind von Juli bis Mai anzutreffen. Die Verpuppung erfolgt im Mai.

Admiral

Vanessa atalanta

50–60 mm	V–X	2

M Die schwarzen Flügel sind im Vorderflügel durch eine rote Schrägbinde, im Hinterflügel durch eine rote Saumbinde gekennzeichnet. **V** Man sieht den Admiral von Mai bis Oktober in 2 Generationen. Er bevorzugt offene Geländeformen wie Gärten, Obstgärten, Waldränder und Parks. **L** Die Art gehört zu den Wanderfaltern, die sich in unseren Breiten nur durch Zuwanderung von Tieren aus dem Süden erhalten. Man findet die Falter häufig an überreifem Fallobst und blutenden Bäumen, aber auch an Blüten. **E** Die zugewanderten Falter legen an Brennesseln ihre Eier ab. Die neue Generation geht meist beim Abzug nach Süden in den Alpen zugrunde.

Distelfalter

Cynthia cardui

50–60 mm	V–X	2

M Die hell-ziegelroten Flügel sind mit dunklen Flecken besetzt. Der Spitzenbereich der Vorderflügel ist schwarz mit weißer Fleckung. **V** Mit Ausnahme von Wäldern ist der Falter in jedem anderen Lebensraum anzutreffen. **L** Wie der nebenan beschriebene Admiral gehört die Art ebenfalls zu den Wanderfaltern. Die Falter besuchen gerne Blüten, sind aber auch an Fallobst anzutreffen. Die im Mai eingewanderte Generation pflanzt sich hier fort, die 2. Generation ist bis Oktober bei uns heimisch. **E** Die Eier werden an Disteln, Brennesseln und anderen Pflanzen abgelegt. Die neue Generation schafft die Alpenüberquerung meist nicht und erfriert.

Kleiner Fuchs

Aglais urticae

45–55 mm	V–X	2–3

M Auf feurig rotbraunem Grund sind v.a. am vorderen Rand der Vorderflügel helle und schwarze Flecken gruppiert. Die körpernahen Bereiche der Hinterflügel sind einfarbig dunkel. Der Rand beider Flügelpaare ist geeckt und mit blauen Flecken gesäumt. **V** Der Falter kommt noch recht häufig vor und ist in allen offenen Landschaften anzutreffen. In unseren Breiten sind 2–3 Generationen üblich, die man von Mai bis Oktober antrifft. **L** Die Art saugt Nektar an verschiedensten Blüten, ist aber auch an Früchten zu finden. **E** Das ♀ legt die Eier an Brennnesseln ab. Die Raupen bleiben vergesellschaftet. Die Falter überwintern in Höhlen, Kellern und auf Dachböden.

C-Falter

Polygonia c-album

45–50 mm	V–X	2

M Kennzeichnend für diese Art sind die auffallend gezackten und gebuchteten Flügelränder. Die Grundfarbe ist rotbraun, belebt mit hellen und schwarzen Flecken. Auf der farblich sehr variablen Unterseite findet man am Hinterflügel ein weißes C-Zeichen (Name!). **V** Man findet den C-Falter in 2 Generationen von Mai bis Oktober in Wäldern und Gärten. **L** Der Falter besucht v. a. Blüten. In Ruhestellung mit zusammengeklappten Flügeln ist er sehr gut getarnt und deshalb nur schwer zu entdecken. **E** Die Eier werden im Frühjahr einzeln an Stachelbeeren, Ulmen, Haseln u. a. abgelegt. Die 1. Generation erscheint im Juni/Juli, die überwinternde 2. Generation ab August.

Tagpfauenauge

Inachis io

45–65 mm	I–XII	2

M Beide rotbraun gefärbten Flügelpaare tragen einen blauschwarzen Augenfleck, ein unverwechselbares Merkmal dieser Art. **V** Der Falter tritt fast das ganze Jahr über auf, 2 Generationen sind üblich. In Parks, Gärten, an Waldrändern und in anderem offenem Gelände ist er noch recht häufig anzutreffen. **L** Die Art läßt sich gerne auf Distelblüten nieder, aber auch viele andere Blüten werden oft besucht. **E** Die Falter überwintern auf Dachböden, in Höhlen und Kellern und erscheinen bereits zeitig im Frühjahr. Die Eier werden auf Brennesseln abgelegt. Die Raupen leben gesellig und entwickeln sich in wenigen Wochen zur neuen Faltergeneration.

Trauermantel

Nymphalis antiopa

70–80 mm	IV–IX	1(–2)

M Die samtartig dunkelbraunen Flügel sind durch breite, gelbe Ränder gekennzeichnet; vor der Randfärbung steht eine blaue Fleckenreihe. V Die Art gilt als typischer Waldschmetterling, der sich gerne in der Nähe von Gewässern aufhält. 1(–2) Generationen sind üblich, Flugzeit ist April bis September. L Blüten werden von dem Falter i. a. gemieden. Mit Vorliebe saugt er an austretenden Baumsäften und an überreifem Obst. E Den Winter überdauert der Falter in Höhlen, Astlöchern und anderen Freilandverstecken. Im Frühjahr erfolgt die Eiablage an Birken, Weiden, Pappeln oder Ulmen. Die Raupen leben gesellig und sind von Mai bis Juni anzutreffen.

Kaisermantel

Argynnis paphia

65–80 mm	VI–VIII	1

M Die ♂ dieses auffallend großen Falters sind leuchtend gelbrot mit dunkler Fleckung und Strichzeichnung. 4 Adern sind durch Duftschuppen gewulstet. Die ♀ sind blasser, gelblich bis grüngrau. **V** Es kommt nur 1 Generation von Juni bis August vor. Man findet die Falter v. a. auf Waldwiesen und an anderen lichten Waldstellen. **L** Die Falter bevorzugen Nektar aus Distelblüten und anderen Korbblütlern. **E** Das ♀ legt die Eier an Baumstämmen oder am Boden in der Nähe von Veilchen ab. Die Eier überwintern, die Raupen schlüpfen im Frühjahr und leben dann an der Veilchen-Pflanze bis zur Verpuppung, die meist im Mai erfolgt.

Schachbrett

Melanargia galathea

45–55 mm	VI–VIII	1

M Die namensgebende schwarzweiße Schachbrettzeichnung macht den Schmetterling unter unseren einheimischen Faltern zu einer unverwechselbaren Art. Auffallend ist auch die starke Verkümmerung der Vorderbeine. **V** Der Schmetterling fliegt gerne auf Waldwegen, an Bahndämmen und auch auf Grasland. Er kommt in 1 Sommergeneration von Juni bis August vor. **L** In kurzen Flugetappen werden verschiedene Blüten, v.a. Disteln und Skabiosen angeflogen, wo der Falter länger verweilt. **E** Die Eier werden an verschiedenen Pflanzen abgelegt, z.T. läßt sie das ♀ frei fallen. Die überwinternde Raupe geht nachts auf Nahrungssuche und lebt v.a. von Gräsern.

Rapsweißling

Artogeia napi

40–50 mm	IV–X	2(–3)

M Die weiß-gelbweißen Flügel sind im Spitzenbereich der Vorderflügel grau überschattet. Daneben kennzeichnen ein (♂) oder zwei (♀) schwarze Flecken die Vorderflügel. Auf der Unterseite der Hinterflügel fallen die grüngrau bestäubten Adern auf. **V** Die Art kommt auf Feldern, in Gärten und auf Wiesen vor. 2(–3) Generationen von April bis Oktober sind üblich. **L** Die Falter besuchen verschiedenste Blüten. Bei Massenvermehrung neigen sie zu Wanderzügen. **E** Das ♀ legt die Eier einzeln an Kreuzblütlern ab. Bereits nach 4–6 Tagen schlüpfen die Raupen, um sich nach 2–3 Wochen zu verpuppen. Die Puppen der letzten Jahresgeneration überwintern.

Aurorafalter

Anthocharis cardamines

40–50 mm	IV–VI	1

M Die weißen Flügel sind im Spitzenbereich der Vorderflügel schwarz, beim ♂ daran anschließend, bis etwa zur Flügelmitte, leuchtend orangerot gefärbt. Die Unterseite der Hinterflügel ist gelbgrün gefeldert. **V** Aurorafalter fliegen auf Wiesen, Feldern und auf sonnigen Waldwegen. Im Jahresverlauf kommt nur 1 Generation von April bis Juni vor. **L** Der Falter saugt Blütennektar und verweilt dabei teils sehr lange. **E** Die Eier werden an der Blattunterseite von Wiesenschaumkraut, Kresse und Hellerkraut abgelegt. Nach 2 Wochen schlüpfen die Raupen. Ihre Entwicklung dauert ca. 5 Wochen. Am Stengel der Futterpflanze befestigt, überwintert die Puppe.

Mohrenfalter

Erebia ligea

45–55 mm	VI–VIII	1

M Die samtartig dunkelbraunen Flügel werden in der äußeren Hälfte von einer rotbraunen Augenfleckenbinde durchzogen. Die Fransen am Flügelrand sind schwarz-weiß gescheckt. **V** Mohrenfalter bevorzugen hügeliges Land mit Waldgebieten. Sie kommen in 1 Generation von Juni bis August vor. **L** Im Halbschatten von Waldwiesen oder Waldwegen ist der Falter sitzend nur schwer zu entdecken. Er fliegt meist langsam von Blüte zu Blüte. **E** Die Raupe schlüpft oft erst im Jahr nach der Eiablage. Nicht selten überwintert sie ein zweites Mal, so daß die Verpuppung erst im 2. Jahr nach der Eiablage erfolgt. Hieraus erklärt sich der 2jährige Häufigkeitswechsel.

Ochsenauge

Maniola jurtina

45–60 mm	VI–VIII	1(–2)

M Die Flügeloberseite ist beim ♂ einfarbig graubraun, beim ♀ im Vorderflügel braungelb aufgehellt. Bei beiden Geschlechtern markiert die Vorderflügel ein kleiner Augenfleck, der auf der Flügelunterseite deutlicher auffällt. **V** In unseren Breiten gehört das Ochsenauge zu den häufigsten Tagfaltern. Man trifft den Falter von Juni bis August auf Wiesen, Feldern und an Waldrändern an. **L** Der Falter besucht überwiegend Blüten. **E** Die Eier werden vom ♀ frei abgelegt. Nach etwa 3 Wochen schlüpfen die Raupen; sie leben tagsüber versteckt, nachts findet man sie an Gräsern. In der Regel überwintert die Raupe und verpuppt sich im folgenden Mai.

Waldbrettspiel

Pararge aegeria

45–50 mm	IV–IX	2–3

M Auf dunkelbraunem Grund sind im äußeren Bereich der Flügel blaßgelbe Flecken bandförmig angeordnet. Die Vorderflügel ziert ein Augenfleck, auf den Hinterflügeln findet man drei bis vier Augenflecke. Der Hinterflügelsaum ist zackig gewellt. **V** Der Falter bevorzugt halbschattige Wälder. Er kommt in 2–3 Generationen von April bis September vor. **L** Der Schmetterling ist recht häufig auf Waldwegen und Lichtungen anzutreffen, wo er sehr langsam und flatternd von Blüte zu Blüte fliegt, sich aber auch gerne zum Sonnen auf dem Boden niederläßt. **E** Die Raupen sind von Juni bis Juli und ab September an Gräsern zu finden. Die letzte Raupengeneration überwintert.

Landkärtchen

Araschnia levana

30–40 mm	IV–VIII	2

M Die Art zeigt Saisondimorphismus, d. h. die beiden bei uns vorkommenden Generationen sind unterschiedlich gefärbt. Bei der Frühlingsform (IV–VI; kleines Foto) sind auf rotbraunem Grund schwarze und weißgelbe Flecken, bei der Sommerform (VII–VIII) ist die Grundfarbe schwarz; weiße und rötliche Fleckenbinden durchziehen die Flügel. **V** Landkärtchen bevorzugen feuchte Wälder und kommen teilweise recht häufig vor. **L** Die Falter besuchen Blüten. **E** Die Eier werden in Form kleiner Säulchen an die Unterseite von Brennesselblättern geklebt. Die Raupen leben zunächst gesellig, später einzeln. Die Puppe der F-Generation überwintert.

Scheckenfalter

Mellicta athalia (Wachtelweizen-Sch.)

40–45 mm	V–VIII	1

M Die rotbraune Flügeloberseite ist dunkelbraun bis schwarz gegittert. Den Flügelrand umgibt ein hell-dunkel gezeichnetes, gefranstes Saumband. Kennzeichnend ist auch die gelbliche Unterseite der Flügel mit den bogigen, schwarz eingefaßten gelben und rotbraunen Bändern. **V** Die Art ist auf Trockenrasen, Heiden und Wiesen in 1 Generation von Mai bis August anzutreffen. **L** Der Falter ist ein typischer Blumenfalter, den man auf den verschiedensten Wiesenblumen findet. Auf manchen Wiesen kommt er noch recht häufig vor. **E** Die Raupen leben gesellig in »Nestern« an verschiedenen Pflanzen. Im Herbst zerstreuen sie sich und überwintern einzeln.

Perlmutterfalter

Clossiana selene (Braunfleckiger P.)

40–45 mm	V–IX	2

M Die Oberseite der Flügel ist rotbraun mit schwarzen Flekken. Zur genauen Bestimmung muß die Unterseite des Hinterflügels beachtet werden. Sie ist gelblich-beige; die körpernahe, rostbraune Binde kennzeichnet ein schwarzer Fleck. Im Mittel- und Saumbereich helle und schwarze Felder. **V** Man findet die Art auf Waldwegen und buschbesetzten Wiesen in 2 Generationen (V–VI und VII–IX). **L** Die Falter saugen Nektar an verschiedenen Blüten. **E** Die Eier werden bevorzugt an Veilchen abgelegt. Ein Teil der Raupen der 1. Jahresgeneration wächst schneller und entwickelt sich gleich zur 2. Generation, ein Teil überwintert. Die Raupen der 2. Generation überwintern.

Brombeerzipfelfalter

Callophrys rubi

30–35 mm	IV–VII	1

M Der Falter ist auf der Flügeloberseite einfarbig dunkelbraun, auf der Unterseite fast einfarbig grün gefärbt. Lediglich die Hinterflügel sind an der Unterseite mit einer Außenlinie heller Fleckchen markiert. Namensgebend ist ein zipfeliger Fortsatz am Hinterflügel. **V** Die Art fliegt an Waldrändern, auf Buschwiesen und auf Lichtungen. 1 Generation von April bis Juli ist üblich. **L** Man findet den Falter recht häufig an Brombeerblüten (Name!). **E** Die Eier und Raupen findet man an Ginster, Klee, Esparsette und an verschiedenen Waldbeeren. Im Herbst erfolgt die Umwandlung zu einer kleinen und rundlichen Puppe, die überwintert.

Dukatenfalter

Heodes virgaureae

35–40 mm	VI–VIII	1

M ♂ und ♀ sind bei dieser Art auffallend unterschiedlich gefärbt: Das ♂ ist feurig rotgold glänzend; der Flügelsaum ist samtschwarz. Das ♀ ist auf rotgoldenem Grund schwarz gefleckt. Die Unterseite der Hinterflügel ist bei beiden Geschlechtern gelbbraun, schwarz und weiß gefleckt; weiße Flecken quer verwischt. **V** Von Juni bis August findet man den Falter in 1 Generation an Waldrändern, in lichten Wäldern und auf Wiesen. **L** Der Dukatenfalter läßt sich gerne auf Disteln, Kreuzkraut und Wasserdost nieder. **E** Die Eier werden an Ampfer abgelegt und überwintern. Von April bis Juni findet man die dunkelgrünen Raupen an den Futterpflanzen.

Rostfarb. Dickkopffalter

Ochlodes venatus

25–30 mm	IV–VIII	1–2

M Die rostbraunen Flügel sind recht undeutlich mit zwei dunklen Querbändern in den Vorderflügeln und mit weißen Punkten gezeichnet. Die Fühler sind keulig und leicht sichelartig gebogen. **V** Der Falter ist auf Lichtungen, Wiesen und Feldern in 1–2 Generationen anzutreffen (IV/V u. VII/VIII). **L** Die Art fliegt schnell und nur knapp über dem Boden. Der Flug wirkt schwirrend. Es werden v. a. Blüten besucht, manchmal läßt sich der Falter auch auf dem Boden nieder, um Wasser zu saugen. **E** Die Eiablage erfolgt an Hornklee, Kronwicke und anderen Pflanzen. Die Raupen spinnen sich mehrere Blätter zusammen, überwintern und verpuppen sich im nächsten Jahr.

Gelbwürfel. Dickkopffalter

Carterocephalus palaemon

25–30 mm	V–VI	1

M Bei beiden Geschlechtern ist die dunkelbraune bis schwarze Grundfarbe durch braungelbe Flecken aufgelockert. Die Fühler sind – wie bei der nebenan beschriebenen Art – gekeult. **V** Der Schmetterling ist auf Waldwiesen, an Waldrändern und auf blumenbestandenen Kahlschlägen anzutreffen. Er fliegt von Mai bis Juni in 1 Generation. **L** Wie alle Dickkopffalter fliegt die Art dicht über dem Boden. Der Flügelschlag ist sehr schnell; der Flug wirkt hüpfend. Es werden v.a. Blüten besucht. **E** Die Raupen sind an Trespen und anderen Gräsern anzutreffen. Sie überwintern und verpuppen sich, versteckt in einem feinen Gespinst, im folgenden Frühjahr.

Hauhechel-Bläuling

Polyommatus icarus

25–35 mm	V–IX	2–3

M Die ♂ sind blauviolett, am Flügelrand mit dunklem Saum und weißen Fransen. Die ♀ sind dunkelbraun (oft blau bestäubt) mit rotgelben Saumflecken und grauen Fransen. Die Flügelunterseite ist bei beiden Geschlechtern graubraun, beim Hinterflügel fällt eine weiße Markierung vor den rotgelben Saumflecken auf. **V** Der Falter ist von Mai bis September in 2–3 Generationen auf allen Wiesentypen anzutreffen. Er ist der verbreitetste Bläuling. **L** Die Falter besuchen Blüten, lassen sich auch gerne an feuchten Wegstellen nieder. **E** Die Eiablage erfolgt an Schmetterlingsblütlern, den bevorzugten Futterpflanzen der überwinternden Raupen.

Erdeichel-Widderchen

Zygaena filipendulae

30–35 mm	VI–VIII	1–2

M Die Vorderflügel schimmern metallisch schwarzgrün, sind dicht beschuppt und mit 6 roten Flecken markiert. Die Hinterflügel sind rot und schwarz gerandet, die Fühler keulenförmig. **V** Erdeichel-Widderchen bevorzugen sonnige Hänge. Sie sind die häufigsten Widderchen und kommen von Juni bis August in 1–2 Generationen vor. **L** Der Falter saugt gerne an Disteln. Sein Flug wirkt etwas plump und langsam. Die Fühler werden beim Sitzen meist vorgestreckt. **E** Die Raupe ist v.a. an Schmetterlingsblütlern zu finden. Die Verpuppung erfolgt in einem pergamentartigen Kokon. In diesem Stadium erfolgt die Überwinterung.

Taubenschwänzchen

Macroglossum stellatarum

40–50 mm	V–XI	2(–3)

M Die Vorderflügel dieses Falters sind dunkelgrau und undeutlich quer gebändert, die Hinterflügel gelbbraun, im Saumbereich geschwärzt. Am Hinterleib fällt ein breites Afterbüschel auf. **V** Taubenschwänzchen fliegen auf Waldlichtungen, an Waldrändern, sind aber auch in Gärten nicht selten. Es kommen 2(–3) Generationen von Mai bis November vor. **L** Die Falter sind in unseren Breiten Zuwanderer, die bei uns auch nicht überwintern. Sie fliegen tagsüber und besuchen Blüten, wobei sie wie Kolibris vor der Blüte im Schwirrflug stehen und mit dem sehr langen Rüssel Nektar saugen. **E** Die Eier und Raupen sind v. a. an Labkraut zu finden.

Hummelschwärmer

Hemaris fuciformis

40–45 mm	V–VI	1

[M] Die durchsichtigen Flügel sind breit rotbraun gesäumt. Den Hinterleib kennzeichnet ein rotbrauner Gürtel, dahinter ist die Behaarung gelblich. [V] Der Schwärmer ist an Waldrändern, auf Wiesen und auch in Gärten anzutreffen. Er fliegt in 1 Generation von Mai bis Juni. [L] Wie alle Schwärmer fliegt die Art pfeilschnell von Blüte zu Blüte, verharrt jeweils kurz, um – vor der Blüte »stehend« – Nektar zu saugen. Der Artname leitet sich von der täuschenden Ähnlichkeit mit Hummeln ab. [E] Die Eier werden an Geißblatt und Schneebeere abgelegt. Dort findet man auch die Raupen, die am Hinterleib mit einem gekrümmten Horn versehen sind. Die Puppe überwintert.

Abendpfauenauge

Smerinthus ocellata

65–90 mm	VI–VIII	1

M Die Vorderflügel dieses großen Falters sind rötlich-grau mit braunen Schattierungen. Am Innenwinkel fällt eine stumpfe Auszahnung auf. Die roten Hinterflügel kennzeichnet ein schwarz-blauer Augenfleck. V Abendpfauenaugen sind z.T. recht verbreitet. Sie kommen bevorzugt in der Nähe von Gewässern vor. Flugzeit ist Juni bis August. Es kommt nur 1 Generation vor. L Die Falter fliegen nachts. Sehr häufig kommen sie in erleuchtete Räume. Sie nehmen keine Nahrung zu sich. E Die Eier werden an Weiden oder Pappeln abgelegt. Man findet die Raupen von Juni bis September, danach erfolgt die Umwandlung zur Puppe, die dann überwintert.

Pappelschwärmer

Laothoe populi

60–90 mm	V–VIII	2

M Die Flügel sind grau bis braun und mit wellig gezähnten, bräunlichen Querlinien gezeichnet. Der Flügelsaum ist deutlich gezähnt, am Innenwinkel der Hinterflügel fällt ein rostbrauner Fleck auf. **V** Der Falter ist v.a. in Lebensräumen mit Pappeln oft anzutreffen. Er fliegt von Mai bis August in 2 Generationen. **L** Pappelschwärmer sitzen tags an Pappelstämmen. Dabei werden die Hinterflügel rechtwinkelig zum Körper abgespreizt, die Vorderflügel stehen schräg nach hinten. Die Falter nehmen keine Nahrung auf. **E** Eiablage und Raupenentwicklung erfolgen an Pappeln. Die Raupen nehmen oft eine stark gekrümmte Stellung ein. Die Puppen überwintern in der Erde.

Wolfsmilchschwärmer

Celerio euphorbiae

60–70 mm	VI–IX	2

M Die Vorderflügel sind gelblich-grau, oft rötlich getönt und mit olivgrünen Flecken und Binden gezeichnet. Die Hinterflügel sind rosarot, an der Flügelwurzel schwarz, am Innenwinkel mit weißem Fleck. **V** Der Falter ist in Wäldern und auf Wiesen in 2 Generationen anzutreffen. Er fliegt von Juni bis Juli, oft auch im September. **L** Wolfsmilchschwärmer besuchen Blüten. Man sieht sie häufig in der Dämmerung. Sie sind im Mittelmeerraum heimisch und bei uns demnach nur Einwanderer. **E** Die Raupen leben an Wolfsmilch. Sie sind lebhaft gefärbt und v. a. im Juli/August anzutreffen. Die Verpuppung und Überwinterung erfolgt im Boden.

Mittlerer Weinschwärmer

Deilephila elpenor

50–65 mm	V–VI	I

M Die Vorderflügel zieren olivgrüne Bänder, die jeweils in ein zartes Rosarot übergehen. Die Hinterflügel sind kräftiger rosa und im Bereich der Flügelwurzel schwarz. **V** Man findet den Schwärmer von Mai bis Juni (selten auch im August/September) auf Waldlichtungen, in Gärten und anderen offenen Landschaften. In der Regel gibt es nur 1 Generation. **L** Weinschwärmer besuchen Blüten. Sie sind oft in der Dämmerung zu beobachten, fliegen aber auch nachts. **E** Die Eier werden an Weidenröschen, an Labkraut, Weinreben und Fuchsien abgelegt. Die große, bis 8 cm lange Raupe kann enorme Nahrungsmengen aufnehmen. Die Puppe überwintert in der Erde.

Ligusterschwärmer

Sphinx ligustri

80–100 mm	V–VII	1

M Die rostbraunen Vorderflügel weisen schwarze Aderstriche und eine schwarzbraune Verdunkelung auf. Die Hinterflügel sind rot mit schwarzen Bändern. **V** Ligusterschwärmer bevorzugen offenes Gelände. Sie sind in Parks, Gärten, an Waldrändern und auf größeren Waldlichtungen von Mai bis Juli in 1 Generation anzutreffen. **L** In schnellem Flug werden bereits in der Dämmerung verschiedene Blüten angeflogen. Nachts fliegen sie häufig in erleuchtete Räume. **E** Die Raupen leben auf Liguster, Flieder, Eschen und auch auf anderen Sträuchern. Kennzeichnend ist ihre häufig eingenommene »Sphinxhaltung« (s. lat. Name!). Die Puppe überwintert im Boden.

Nonne

Lymantria monacha

35–55 mm	VII–VIII	1

M Schwarze Zickzackbinden durchziehen die weißen Vorderflügel. Die Hinterflügel sind einfarbig grau, der Hinterleib beim ♀ rosa. Die ♀ sind wesentlich größer, plump und träge. Die Fühler sind v. a. beim ♂ doppelkammzähnig. **V** Nonnen sind v. a. im Nadelwald heimisch. Der Falter fliegt von Juli bis August in 1 Generation. **L** Die ♂ Falter sind oft auch tags fliegend zu beobachten, während die ♀ überhaupt nur sehr ungerne fliegen. **E** Die ♀ legen die Eier unter die Rinde von Nadelbäumen. Nach der Überwinterung schlüpfen im nächsten Frühjahr die Raupen. Sie ernähren sich von Fichtennadeln und werden bei gehäuftem Auftreten schädlich.

Brauner Bär

Arctia caja

50–70 mm	VII–VIII	1

M Beide Flügelpaare sind bei diesem auffälligen Falter kräftig gemustert: die Vorderflügel dunkelbraun mit weißen Bändern, die Hinterflügel rotbraun mit blauschwarzen Augenflecken. Die Fühler sind beim ♂ stärker gekämmt als beim ♀. **V** Der Falter fliegt in 1 Generation auf Waldlichtungen und Wiesen. Er ist z. T. noch recht häufig. Flugzeit Juli/August. **L** Die Art ist ein Nachtflieger. Tagsüber verbergen sich die Falter unter Blättern. Ihre auffällige Färbung dient lediglich als Warnsignal. **E** Die Raupen dieses Spinners sind kräftig schwarz und rostrot behaart. Man findet sie auf verschiedenen Pflanzen. Meist überwintert die Puppe.

Russischer Bär

Panaxia quadripunctaria

50–60 mm	VII–VIII	1

M Die grünschwarzen Vorderflügel sind von gelblichen Schräg- und Querstreifen durchzogen. Die Hinterflügel sind rot mit leichtem Gelbton und schwarz gefleckt. Auffallend ist die schwarze Punktreihe am gelbroten Hinterleib. **V** Die Art bevorzugt Regionen mit Felshängen und Bergschluchten. Sie fliegt in 1 Generation von Juli bis August. **L** Die Falter sind Tagflieger und saugen an Blüten. Stellenweise sind sie sehr häufig, so daß man sie oft in Vielzahl beobachten kann. **E** Man findet die dicht und lang behaarten Raupen v. a. an Borretschgewächsen, besonders häufig an Vergißmeinnicht. Sie überwintern und verpuppen sich dann in einem weichen Haargespinst.

Kleines Nachtpfauenauge

Eudia pavonia

55–80 mm	IV–V	1

M Das ♀ (Foto unten) ist bei diesem Falter vorwiegend grau, das ♂ (Foto oben) ist durch bräunliche Vorderflügel und rostgelbe Hinterflügel gekennzeichnet. Bei beiden Geschlechtern markiert ein großer, runder Augenfleck beide Flügelpaare. Er liegt jeweils zwischen zwei gewellten Querbinden. **V** Die Art kommt teilweise recht häufig in allen Geländeformen vor. Sie fliegt in 1 Generation von April bis Mai. **L** Die Falter können wegen ihres rückgebildeten Rüssels keine Nahrung aufnehmen. **E** Die recht großen Raupen leben oft an Heidekraut, sind aber auch an anderen Pflanzen zu finden. Zur Verpuppung wird ein flaschenförmiger Seidenkokon gesponnen.

Nagelfleck

Aglia tau

55–85 mm	IV–V	1

M Die Grundfarbe ist beim ♂ ockergelb, beim ♀ etwas heller. Den etwas dunkleren Flügelsaum grenzt eine schwarze Binde ab. Im Zentrum beider Flügelpaare befindet sich eine blauschwarze Augenzeichnung mit einem zentralen nagel- oder T-förmigen Fleck (Name!). Der Rüssel ist stark reduziert. **V** Die Art kommt vorwiegend in Buchenwäldern vor. Flugzeit ist April/Mai. Es kommt 1 Generation vor. **L** Auf der Suche nach den ♀ durchstreifen die ♂ lichte Buchenwälder. Sie nehmen keine Nahrung auf. **E** Die Raupen ernähren sich von Buchenblättern, die v.a. in den Baumwipfeln abgeweidet werden. Die Verpuppung erfolgt am Boden in einem leichten Gespinst.

Eichenspinner

Lasiocampa quercus

55–75 mm	VI–VIII	1

M Das kleinere ♂ ist dunkel rotbraun, das ♀ ist gelbbraun. Bei beiden Geschlechtern durchzieht eine gelbe Binde die beiden Flügelpaare. Die Hinterflügel sind gelb gefranst, die Vorderflügel markiert ein heller Fleck. **V** Eichenspinner leben in Wäldern und auf Heiden. Sie fliegen von Juni bis August in 1 Generation. **L** Die ♂ fliegen tagsüber auf der Suche nach ♀. Die Falter nehmen keine Nahrung mehr zu sich. **E** Die Eier werden an verschiedenen Laubgehölzen abgelegt, wo sich auch die Raupen entwickeln. Es überwintert eigenartigerweise entweder die Raupe oder aber die Puppe, die sich am Boden in einem Kokon weiterentwickelt.

Kiefernspinner

Dendrolimus pini

50–75 mm	VI–VIII	1

M Die variabel grau bis braun gefärbten Vorderflügel werden von 3 dunklen Querbinden durchzogen. Dazwischen bleiben graue oder rotbraune Zwischenfelder. Den Flügelmittelpunkt markiert ein weißer Punkt. Die Hinterflügel sind einfarbig graubraun. **V** Kiefernspinner sind in Kiefernwäldern zuhause. Sie fliegen in 1 Generation von Juni bis August. **L** Die Falter traten früher in großen Massen auf. Sie selbst nehmen keine Nahrung auf; ihre Raupen wurden stellenweise jedoch zum Schädling, da sie die Zweige z. T. kahl fressen. **E** Die Raupen überwintern in einem frühen Jugendstadium. Nach abgeschlossenem Wachstum verpuppen sie sich in einem Gespinst.

Hausmutter

Noctua pronuba

50–60 mm	VI–IX	1

M Die Vorderflügel sind bei diesem Falter sehr variabel gefärbt. Dunkelbraune, graubraune und gelbe Töne kommen vor. Angedeutete, dunkle Querbänder durchziehen den Flügel, ein schwarzer Fleck ist meist vorhanden. Die Hinterflügel sind gelb mit schwarzem Saumband. **V** Hausmuttern fliegen fast überall von Juni bis September. **L** Die Falter verbringen den Tag versteckt, oft in Häusern (Name!). Sie besuchen Blüten, um mit ihrem kräftigen Rüssel Nektar zu saugen. **E** Die Raupen fressen nur nachts an verschiedenen Pflanzen der Bodenvegetation. Nach der Überwinterung verpuppen sie sich im Frühjahr in einer Erdhöhle.

Meldeneule

Trachea atriplicis

40–45 mm	V–IX	1–2

M Die Flügelfärbung dieses mittelgroßen Falters wirkt sehr bizarr. Auf dunkelgrauem Grund durchziehen moosgrüne, bräunliche und weißliche Schlieren die Vorderflügel. Im Mittelfeld ist ein zweispitziger Schrägfleck. Die Hinterflügel sind grau, am Außenrand etwas dunkler. **V** Der Falter fliegt in offenem Gelände. Er kommt in 1–2 Generationen von Mai bis September vor. **L** Meldeneulen fliegen überwiegend nachts und gelten als starke Lichtflieger, d. h. sie fliegen sehr gerne Straßenlaternen und andere Lichtquellen an. **E** Die Raupenentwicklung vollzieht sich an krautigen Pflanzen, v. a. an Melde (Name!) und Ampfer. Die Puppen überwintern in einer Erdhöhle.

Rotes Ordensband

Catocala nupta

70–80 mm	VII–IX	1

M Die Vorderflügel sind dunkelgrau mit verschwommener Querbänderung, die unregelmäßig gezackt erscheint. Die weiß gesäumten Hinterflügel sind rot und von stark geknickten, dunklen Binden durchzogen. **V** Der Falter ist von Juli bis September in Wäldern anzutreffen. 1 Jahresgeneration ist üblich. **L** Tagsüber ruhen die Tiere mit flach dachförmig zusammengelegten Flügeln an Stämmen. Die Färbung der Flügeldecken tarnt sie ausgezeichnet. Nachts saugen sie sehr gerne an gärendem Obst. **E** Die Raupen schlüpfen im Frühjahr aus den überwinternden Eiern. Man findet sie dann v. a. an Pappeln und Weiden. Ihre rindenartige Färbung tarnt auch sie sehr gut.

Blaues Ordensband

Catocala fraxini

85–105 mm	VIII–X	1

M Das Blaue Ordensband ist der größte Falter unter unseren einheimischen Eulenfaltern. Die Vorderflügel sind grau mit mehreren dunkleren Querlinien und Makeln. Die schwarzen Hinterflügel werden von einer blaßblauen Mittelbinde durchzogen. **V** Der Falter kommt in Wäldern und auch in offenem Gelände vor. Er fliegt von August bis Oktober in 1 Generation. **L** Wie die nebenan beschriebene Art ist das Blaue Ordensband nachtaktiv. Tagsüber ruhen die Falter, gut getarnt, an Baumstämmen. **E** Die rindenartig gefärbten Raupen sind v.a. an Pappeln und Eschen zu finden. Die Verpuppung erfolgt in einem lockeren Gespinst zwischen dürrem Laub.

Gammaeule

Autographa gamma

35–40 mm	V–X	1–2

M Die Vorderflügel dieses Eulenfalters sind grau mit violetter und schwärzlicher Tönung. Ein silberfarbenes Gamma-Zeichen markiert das Flügelzentrum. Die Hinterflügel sind gelbgrau mit dunklem Saum. V Die Falter fliegen – oft in Massen – von Mai bis Oktober in offenem Gelände. Wahrscheinlich kommen mehrere Generationen vor. L Die Gammaeule ist tag- und nachtaktiv. Sie besucht Blüten, wo sie mit ihrem langen Rüssel Nektar saugt. Der Falter wandert bei uns aus dem Süden ein. E Die Eier werden meist an verschiedenen Kräutern abgelegt, von denen sich auch die Raupen ernähren. Die Verpuppung erfolgt in einem seidigen Gespinst unter Blättern.

Messingeule

Plusia chrysitis

35–38 mm	V–IX	2

M Zwei glänzend grüngoldene Querbinden durchziehen das vordere Flügelpaar dieses Eulenfalters. Die Grundfarbe der Vorderflügel ist violettbraun, die der Hinterflügel graubraun. **V** Messingeulen bevorzugen offene Landschaften, wo man sie von Mai bis September in 2 Generationen trifft. **L** Wie die meisten sog. Metalleulen besucht der Falter Blüten und ist dabei auch tags anzutreffen. Mit seinem sehr langen Rüssel saugt er sehr ausgiebig Nektar. **E** Die Raupenentwicklung erfolgt bei dieser Art an Nesseln und an verschiedenen Lippenblütlern. Nach Wachstumsende verpuppen sich die Raupen in einem Gespinst, um so den Winter zu überdauern.

Grünes Blatt

Geometra papilionaria

45–55 mm	VI–VIII	1

M Die kräftig grün gefärbten Flügel werden bei diesem Spanner von weißlichen Querstreifen und unterbrochenen Wellenlinien durchzogen. Die Flügel sind auffallend breit, der Körper ist ebenfalls grün. **V** Der Falter fliegt in 1 Generation von Juni bis August. Bevorzugt ist er in lichten Wäldern anzutreffen. **L** Der Spanner ist überwiegend dämmerungs- und nachtaktiv. Tagsüber läßt er sich, obwohl gut getarnt, sehr leicht aufschrecken. Er gilt als starker Lichtflieger. **E** Aus den überwinternden Eiern schlüpfen Raupen, die sich überwiegend an Erlen und Birken weiterentwickeln. Die Verpuppung erfolgt meist in einer Erdhöhle.

Schlehenspanner

Angerona prunaria

45–55 mm	VI–VII	1

M Die ♂ Falter sind bei diesem Spanner kräftig orange gefärbt, die ♀ deutlich heller gelb. Bei beiden Geschlechtern fallen die vielen dunklen Querstrichelchen und der gescheckte Fransensaum der Flügel auf. **V** Schlehenspanner sind v. a. in lichten Wäldern anzutreffen. Sie fliegen in 1 Generation von Juni bis Juli. **L** Die Falter fliegen auch tags, sind jedoch überwiegend nachtaktiv. Sehr häufig lassen sie sich auf Blättern und Stämmen zu einer kurzen Ruhe nieder. **E** Die aus den Eiern schlüpfenden Raupen leben an verschiedenen Laubgehölzen, sehr häufig an Schlehen und Pflaumen. Sie überwintern und verpuppen sich im Frühjahr in einem Gespinst.

Birkenspanner

Biston betularia

40–65 mm	V–VIII	1

M Normalerweise sind die Falter weiß mit überstreuter, schwarzer Fleckung. Man findet aber auch völlig geschwärzte Tiere. **V** Birkenspanner fliegen in Laubwäldern und Parks und sind z. T. sehr verbreitet. Es gibt nur 1 Generation, die von Mai bis August anzutreffen ist. **L** Die Falter sitzen tagsüber gerne an der Rinde von flechtenbewachsenen Birken, wo sie durch ihre Färbung optimal getarnt sind. Die dunkle Farbvariante tritt gehäuft in Industriegebieten auf; auf den dunkel verschmutzten Baumrinden ist diese Form besser getarnt. **E** Die Raupen leben an Laubhölzern. Sie sind durch ihre zweigähnliche Gestalt ebenfalls gut geschützt. Die Puppe überwintert.

Stachelbeerspanner

Abraxas grossulariata

40–45 mm	VII–VIII	1

M Die Grundfarbe der Flügel ist weiß, der Körper kontrastiert dazu in einem zarten Gelbton. Körper und Flügel sind schwarz gefleckt, im Vorderflügel ist die Flügelwurzel und ein Flügelband gelb getönt. **V** Die Falter fliegen in 1 Generation von Juli bis August. Sie bevorzugen Gärten und lichte Wälder. **L** Die frei auf Blättern ruhenden Falter ähneln Vogelkot und sind deshalb recht gut getarnt, obwohl die Färbung zunächst recht auffallend erscheint. **E** Die Eiablage erfolgt an Stachelbeeren, Johannisbeeren oder Weiden. Die in Form und Farbe zweigähnlichen Raupen leben von den Blättern dieser Pflanzen. Die überwinternde Puppe hängt in einem Gespinst.

Register

Deutsche Namen

Wissenschaftliche Namen

Bildnachweis:

Bellmann: 8, 32, 40, 43, 48u, 54, 56; Danegger: 24; Daudt: 20; Eisenbeiss: 38; Eisenreich: 2, 11, 12, 17, 22, 27, 28, 36; Eisenreich/Handel: 52; Handel: 13, 18, 26; Limbrunner: 9; Pfletschinger/Angermayer: 15, 19, 31, 34, 42, 57, 58; Pforr: 39, 50; Reinhard: 16; Zeininger: 37, 41, 44, 55; Zepf: 10, 14, 21, 23, 25, 29, 30, 33, 45, 46, 47, 48o, 49, 51, 53, 59, 60, 61.

Titelfoto: W. Eisenreich
Grafik: Barbara v. Damnitz
Layout: Anton Walter

Weiterführende Literatur zum Thema

BLV Naturführer 120

Wolfgang Dierl

Schmetterlinge

Die bekanntesten heimischen Tag- und Nachtfalter: Merkmale, Vorkommen, Entwicklung und Lebensweise.

127 Seiten, 152 Farbfotos, 1 Zeichnung

BLV Naturführer 135/136

Josef H. Reichholf

Mein Hobby: Schmetterlinge beobachten

Vorkommen, Fortpflanzung, Entwicklung; Bestimmen, Registrieren, Markieren, Lebendfang, Beobachten und Fotografieren, Zucht und Haltung, Schmetterlingsschutz.

191 Seiten, 131 Farbfotos, 14 s/w-Fotos, 21 farbige und 23 s/w-Zeichnungen

BLV Naturführer 111

Wolfgang Dierl

Insekten

Schmetterlinge, Käfer, Libellen und andere heimische Insekten: Merkmale, Vorkommen, Entwicklung, Lebensweise.

3. Auflage, 143 Seiten, 128 Farbfotos, 36 Zeichnungen

BLV Verlagsgesellschaft München